"乡村振兴" "中国乡村儒学推广与研

# 乡村儒学
## 孝·做人的根本

总主编 颜炳罡

中国乡村儒学推广与研究中心 编

山东城市出版传媒集团·济南出版社

图书在版编目（CIP）数据

孝：做人的根本 / 李树超编. —济南：济南出版社，2021.1（2024.1重印）

（乡村儒学 / 颜炳罡主编）

ISBN 978-7-5488-4417-4

Ⅰ.①孝… Ⅱ.①李… Ⅲ.①孝－文化－中国－通俗读物 Ⅳ.①B823.1-49

中国版本图书馆CIP数据核字（2020）第264563号

| 出版人 | 崔　刚 |
| --- | --- |
| 丛书策划 | 冀瑞雪 |
| 责任编辑 | 冀瑞雪　张子涵 |
| 封面设计 | 侯文英 |
| 版式设计 | 谭　正 |

| 出版发行 | 济南出版社 |
| --- | --- |
| 地　　址 | 山东省济南市二环南路1号（250002） |
| 编辑热线 | 0531-86131747（编辑室） |
| 发行热线 | 82709072　86131701　86131729　82924885（发行部） |
| 印　　刷 | 山东潍坊新华印务有限责任公司 |
| 版　　次 | 2021年5月第1版 |
| 印　　次 | 2024年1月第4次印刷 |
| 成品尺寸 | 150 mm×230 mm　16开 |
| 印　　张 | 6.75 |
| 字　　数 | 100千 |
| 印　　数 | 25001-30000册 |
| 定　　价 | 29.00元 |

（济南版图书，如有印装错误，请与出版社联系调换。
　联系电话：0531-86131736）

# 总　序

　　2018年3月8日，习近平总书记参加十三届全国人大一次会议山东代表团审议时强调："要推动乡村文化振兴，加强农村思想道德建设和公共文化建设，以社会主义核心价值观为引领，深入挖掘优秀传统农耕文化蕴含的思想观念、人文精神、道德规范，培育挖掘乡土文化人才，弘扬主旋律和社会正气，培育文明乡风、良好家风、淳朴民风，改善农民精神风貌，提高乡村社会文明程度，焕发乡村文明新气象。"2020年12月28日至29日，在中央农村工作会议上，他再次强调："要加强社会主义精神文明建设，加强农村思想道德建设，弘扬和践行社会主义核心价值观，普及科学知识，推进农村移风易俗，推动形成文明乡风、良好家风、淳朴民风。"文明乡风、良好家风、淳朴民风是中国乡村社会的追求，也是中国基层社会祥和、温馨的具体体现。乡村振兴说到底就是要满足乡民对美好生活的向往与需求，让民众有获得感与幸福感。文化振兴是乡村振兴的重要文化支撑，是实现文明乡风、良好家风、淳朴民风的前提和基础。

传统中国是一个以农立国的国度，中华文明是以农为本的农耕文明。农业是传统中国的立国之基、立国之本，凡中国传统政治、经济、教育、生活习俗、文学作品、思想信仰、行为方式等等，无不留下鲜明的乡土色彩。古人云："求木之长者，必固其根本；欲流之远者，必浚其泉源；思国之安者，必积其德义。"乡村社会是中国社会之本，农耕文明是中华文明的源头，文明乡风、良好家风、淳朴民风建设旨在为中华文明的繁荣而"固本"，为中华文明的流长而"浚源"。

中国传统士人，从孔子的"里仁"追求，到孟子"出入相友，守望相助，疾病相扶持"的向往；从荀子的"在本朝则美政，在下位则美俗"的自我要求，到北宋吕氏兄弟"德业相劝，过失相规，礼俗相交，患难相恤"的文明乡风的实践，历代知识分子将建书院、兴教化、育人才、淳风俗、正人心、树家风作为自己的职责所在。从政府层面讲，从西汉时期确立的"三老"制度实践，到明太祖朱元璋"圣谕六条"落实，积累了丰富的乡村教化与乡村治理的经验，是中华民族智慧的体现。这些思想资源仍然可以为我们所用，依然闪烁着智慧的光辉。

我从事"乡村儒学"实践有年矣。众所周知，"乡村儒学"是讲儒学的，然而儒学是一套庞大的思想系统，从哪里讲？讲什么？一直困惑着大家。因为没有统一的讲学内容，更没有统一的标准，似乎讲者对什么有兴趣或擅长什么就讲什么，没有问过受众是否需要，是否有兴趣。或者说为什么讲这些。本套丛书力图解决这一问题。我们将本套丛书分为三个系列，即美德系列、经典系列、应用系列，每一个系列出版八到十册。本套之所以命名为"乡村儒学"丛书，旨在为乡村的文明乡风、良好家风、淳朴民风"三风"做点实实在在的工作，为乡村文化振兴提供精神助力，为美丽乡村建设添砖加瓦。

谨为序。

山东大学 颜炳罡

# 目 录

| | |
|---|---|
| 经典原文 | 007 |
| 第一章 天地重孝孝当先 | 027 |
| 　　一　天地之经 | 029 |
| 　　二　为人之本 | 032 |
| 　　三　良知良能 | 035 |
| 第二章 孝道贵在心中孝 | 039 |
| 　　一　孝始于养 | 041 |
| 　　二　大孝尊亲 | 044 |
| 　　三　善继人之志 | 046 |
| 第三章 尽心竭力孝父母 | 049 |
| 　　一　尽力致诚 | 051 |
| 　　二　无违于礼 | 054 |
| 　　三　和颜悦色 | 056 |
| 　　四　感念亲恩 | 058 |
| 第四章 行孝由己记心间 | 061 |
| 　　一　全而归之 | 063 |
| 　　二　闻名乡里 | 066 |

三　心念父母 …………………………… 069
　　四　劝谏父母 …………………………… 071
　　五　非孝之行 …………………………… 074

第五章　孝道成为百行源 ………………… 077
　　一　为仁之本 …………………………… 079
　　二　为政之基 …………………………… 081
　　三　孝感动天 …………………………… 084

第六章　孝亲古诗词、谚语 ……………… 087
　　一　十二时行孝文 ……………………… 089
　　二　游子吟 ……………………………… 091
　　三　别老母 ……………………………… 092
　　四　十五 ………………………………… 092
　　五　岁末到家 …………………………… 093
　　六　母别子 ……………………………… 094
　　七　墨萱图 ……………………………… 095
　　八　步虚 ………………………………… 097
　　九　燕诗示刘叟 ………………………… 098
　　十　慈乌夜啼 …………………………… 099
　　十一　送母回乡 ………………………… 100
　　十二　西上辞母坟 ……………………… 101
　　十三　思亲歌 …………………………… 101
　　十四　谚语 ……………………………… 103

经典原文

# 第一章　天地重孝孝当先

## 一、天地之经

曾子曰："甚哉，孝之大也！"子曰："夫孝，天之经也，地之义也，民之行也。天地之经，而民是则之。则天之明，因地之利，以顺天下。"

——《孝经·三才》

曾子曰："夫孝，置之而塞乎天地，溥之而横乎四海，施诸后世而无朝夕，推而放诸东海而准，推而放诸西海而准，推而放诸南海而准，推而放诸北海而准。"

——《礼记·祭义》

## 二、为人之本

子曰:"夫孝,德之本也,教之所由生也。复坐,吾语汝。身体发肤,受之父母,不敢毁伤,孝之始也。立身行道,扬名于后世,以显父母,孝之终也。夫孝,始于事亲,中于事君,终于立身。"

——《孝经·开宗明义》

孔子曰:"孝,德之始也;悌,德之序也;信,德之厚也;忠,德之正也。"

——《孔子家语·弟子行》

孔子曰:"行己有六本焉,然后为君子也。立身有义矣,而孝为本;丧纪有礼矣,而哀为本;战阵有列矣,而勇为本;治政有理矣,而农为本;居国有道矣,而嗣为本;生财有时矣,而力为本。"

——《孔子家语·六本》

孟子曰："仁之实，事亲是也；义之实，从兄是也；智之实，知斯二者弗去是也；礼之实，节文斯二者是也；乐之实，乐斯二者，乐则生矣；生则恶可已也，恶可已，则不知足之蹈之手之舞之。"

——《孟子·离娄上》

## 三、良知良能

子曰："弟子入则孝，出则弟，谨而信，泛爱众，而亲仁。行有余力，则以学文。"

——《论语·学而》

为人君，止于仁；为人臣，止于敬；为人子，止于孝；为人父，止于慈；与国人交，止于信。

——《礼记·大学》

孟子曰："人之所不学而能者，其良

能也；所不虑而知者，其良知也。孩提之童无不知爱其亲者，及其长也，无不知敬其兄也。亲亲，仁也；敬长，义也。无他，达之天下也。"

——《孟子·尽心上》

人之有道也，饱食、暖衣、逸居而无教，则近于禽兽。圣人有忧之，使契为司徒，教以人伦：父子有亲，君臣有义，夫妇有别，长幼有序，朋友有信。

——《孟子·滕文公上》

## 第二章　孝道贵在心中孝

### 一、孝始于养

祭者，所以追养继孝也。孝者，畜也。顺于道，不逆于伦，是之谓畜。是故，孝子之事亲也，有三道焉：生则养，没则丧，丧毕则祭。

——《礼记·祭统》

众之本教曰孝，其行曰养。养，可能也，敬为难；敬，可能也，安为难；安，可能也，卒为难。父母既没，慎行其身，不遗父母恶名，可谓能终矣。

——《礼记·祭义》

孝有三：小孝用力，中孝用劳，大孝不匮。

——《礼记·祭义》

## 二、大孝尊亲

曾子曰："孝有三：大孝尊亲，其次弗辱，其下能养。"

——《礼记·祭义》

子游问孝。子曰:"今之孝者,是谓能养。至于犬马,皆能有养;不敬,何以别乎?"

——《论语·为政》

## 三、善继人之志

子曰:"父在,观其志;父没,观其行;三年无改于父之道,可谓孝矣。"

——《论语·学而》

子曰:"武王、周公,其达孝矣乎!夫孝者:善继人之志,善述人之事者也。"

——《礼记·中庸》

孟子曰:"曾子养曾皙,必有酒肉;将彻,必请所与;问有余,必曰:'有'。曾皙死,曾元养曾子,必有酒肉;将彻,不请所与;问有余,曰'亡矣'——将以复进也。此所谓养口体者也。若曾子,则可谓养志也。事亲若曾子者，可也。"

——《孟子·离娄上》

曾子曰："孝子之养老也，乐其心不违其志，乐其耳目，安其寝处，以其饮食忠养之，孝子之身终，终身也者，非终父母之身，终其身也；是故父母之所爱亦爱之，父母之所敬亦敬之，至于犬马尽然，而况于人乎！"

——《礼记·内则》

## 第三章　尽心竭力孝父母

### 一、尽力致诚

孝子之事亲也，尽力致诚，不义之物，不入于馆，为人子不可不孝也！

——《韩诗外传·卷九》

用天之道，分地之利，谨身节用，以养父母，此庶人之孝也。故自天子至于庶人，孝无终始，而患不及己者，未之有也。

——《孝经·庶人》

以己之所有尽事其亲，孝之至也。故匹夫勤劳，犹足以顺礼，啜菽饮水，足以致其敬。孔子曰："今之孝者，是为能养，不敬，何以别乎？"故上孝养志，其次养色，其次养体。贵其礼，不贪其养，礼顺心和，养虽不备，可也。

——《盐铁论·孝养》

## 二、无违于礼

孟懿子问孝。子曰："无违。"樊迟御，子告之曰："孟孙问孝于我，我对曰：'无违'。"樊迟曰："何谓也？"子曰："生，事之以礼；

死，葬之以礼，祭之以礼。"

——《论语·为政》

子路曰："伤哉，贫也！生无以为养，死无以为礼也。"孔子曰："啜菽饮水尽其欢，斯之谓孝；敛首足形，还葬而无椁，称其财，斯之谓礼。"

——《礼记·檀弓下》

父母爱之，喜而不忘；父母恶之，惧而无怨；父母有过，谏而不逆；父母既殁，以哀祀之加之；如此，谓礼终矣。

——《大戴礼记·曾子大孝》

## 三、和颜悦色

子夏问孝。子曰："色难。有事，弟子服其劳；有酒食，先生馔，曾是以为孝乎？"

——《论语·为政》

孝子之有深爱者，必有和气；有和气者，必有愉色；有愉色者，必有婉容。孝子如执玉，如奉盈，洞洞属属然，如弗胜，如将失之。严威俨恪，非所以事亲也，成人之道也。

——《礼记·祭义》

## 四、感念亲恩

宰我问："三年之丧，期已久矣。君子三年不为礼，礼必坏；三年不为乐，乐必崩。旧谷既没，新谷既升，钻燧改火，期可已矣。"子曰："食夫稻，衣夫锦，于女安乎？"曰："安。""女安则为之！夫君子之居丧，食旨不甘，闻乐不乐，居处不安，故不为也。今女安，则为之！"宰我出，子曰："予之不仁也！子生三年，然后免于父母之怀。夫三年之丧，天下之通丧也。予也有三年之爱于其父母乎？"

——《论语·阳货》

孝子之祭也，尽其悫而悫焉，尽其信而信焉，尽其敬而敬焉，尽其礼而不过失焉。进退必敬，如亲听命，则或使之也。

——《礼记·祭义》

蓼蓼者莪，匪莪伊蒿。哀哀父母，生我劬劳。

蓼蓼者莪，匪莪伊蔚。哀哀父母，生我劳瘁。

瓶之罄矣，维罍之耻。鲜民之生，不如死之久矣。无父何怙？无母何恃？出则衔恤，入则靡至。

父兮生我，母兮鞠我。抚我畜我，长我

育我，顾我复我，出入腹我。欲报之德。昊天罔极！

南山烈烈，飘风发发。民莫不穀，我独何害！南山律律，飘风弗弗。民莫不穀，我独不卒！

——《诗经·蓼莪》

## 第四章　行孝由己记心间

### 一、全而归之

孟武伯问孝。子曰："父母唯其疾之忧。"

——《论语·为政》

子曰："父母在，不远游，游必有方。"

——《论语·里仁》

曾子曰："身也者，父母之遗体也。行父母之遗体，敢不敬乎？居处不庄，非孝也；

事君不忠,非孝也;莅官不敬,非孝也;朋友不信,非孝也;战陈无勇,非孝也;五者不遂,灾及于亲,敢不敬乎?"

——《礼记·祭义》

父母全而生之,子全而归之,可谓孝矣。不亏其体,不辱其身,可谓全矣。故君子顷步而弗敢忘孝也。

——《礼记·祭义》

曾子曰:"父母生之,子弗敢杀;父母置之,子弗敢废;父母全之,子弗敢阙。故舟而不游,道而不径,能全肢体,以守宗庙,可谓孝矣。"

——《吕氏春秋·孝行览》

## 二、闻名乡里

子曰:"孝哉闵子骞!人不间于其父母昆

弟之言。"

——《论语·先进》

子云："睦于父母之党,可谓孝矣。故君子因睦以合族。"

——《礼记·坊记》

曾子曰："孝子言为可闻,行为可见。言为可闻,所以说远也;行为可见,所以说近也;近者说则亲,远者说则附;亲近而附远,孝子之道也。"

——《荀子·大略》

亨孰膻芗,尝而荐之,非孝也,养也。君子之所谓孝也者,国人称愿然曰:'幸哉有子!'如此,所谓孝也已。

——《礼记·祭义》

## 三、心念父母

子曰:"父母之年,不可不知也。一则以喜,一则以惧。"

——《论语·里仁》

父母有疾,冠者不栉,行不翔,言不惰,琴瑟不御,食肉不至变味,饮酒不至变貌,笑不至矧,怒不至詈。疾止复故。

——《礼记·曲礼上》

## 四、劝谏父母

子曰:"事父母几谏,见志不从,又敬不违,劳而不怨。"

——《论语·里仁》

曾子曰:"若夫慈爱、恭敬、安亲、扬名,则闻命矣。敢问子从父之令,可谓孝乎?"子曰:"是何言与?是何言与!……父有争子,则身不陷于不义。故当不义，则子不可以不争于父，臣不可以不争于君。故当不义则争之，从父之令，又焉得为孝乎？"

——《孝经·谏诤》

亲之过大而不怨，是愈疏也；亲之过小而怨，是不可矶也。愈疏，不孝也；不可矶，亦不孝也。

——《孟子·告子下》

## 五、非孝之行

于礼有不孝者三，谓阿意曲从，陷亲不义，一不孝也；家贫亲老，不为禄仕，二不孝也；不娶无子，绝先祖祀，三不孝也。

——《孟子章句》

世俗所谓不孝者五：惰其四支，不顾父母之养，一不孝也；博弈好饮酒，不顾父母之养，二不孝也；好货财，私妻子，不顾父母之养，三不孝也；从耳目之欲，以为父母戮，四不孝也；好勇斗很，以危父母，五不孝也。

——《孟子·离娄下》

孝子所不从命有三：从命则亲危，不从命则亲安，孝子不从命乃衷；从命则亲辱，不从命则亲荣，孝子不从命乃义；从命则禽兽，不从命则修饰，孝子不从命乃敬。故可以从而不从，是不子也；未可以从而从，是不衷也；明于从不从之义，而能致恭敬、忠信、端悫、以慎行之，则可谓大孝矣。

——《荀子·子道》

孝子不服暗，不登危，惧辱亲也。父母

存，不许友以死。不有私财。

——《礼记·曲礼上》

## 第五章　孝道成为百行源

### 一、为仁之本

有子曰："其为人也孝弟而好犯上者，鲜矣；不好犯上而好作乱者，未之有也。君子务本，本立而道生。孝弟也者，其为仁之本与！"

——《论语·学而》

万恶淫为首，百行孝当先。

——《增广贤文》

天地之性，人为贵。人之行莫大于孝，孝莫大于严父。

——《孝经·圣治》

## 二、为政之基

或谓孔子曰:"子奚不为政?"子曰:"《书》云:'孝乎惟孝,友于兄弟。'施于有政,是亦为政,奚其为为政?"

——《论语·为政》

孟子曰:"道在迩而求诸远,事在易而求诸难。人人亲其亲、长其长,而天下平。"

——《孟子·离娄上》

上不知顺孝,则民不知反本。君不知敬长,则民不知贵亲。

——《韩诗外传·卷五》

## 三、孝感动天

公曰:"寡人蠢愚,冥烦子志之心也。"

孔子蹴然辟席而对曰:"仁人不过乎物,孝子不过乎物。是故,仁人之事亲也如事天,事天如事亲,是故孝子成身。"

——《礼记·哀公问》

子曰:"昔者明王事父孝,故事天明;事母孝,故事地察;长幼顺,故上下治。天地明察,神明彰矣。故虽天子,必有尊也,言有父也;必有先也,言有兄也。宗庙致敬,不忘亲也;修身慎行,恐辱先也。宗庙致敬,鬼神著矣。孝悌之至,通于神明,光于四海,无所不通。"

——《孝经·感应》

# 第一章 天地重孝孝当先

父母给了我们生命，养育我们长大，把我们送入学堂，让我们学会做人、做事。父母是无条件为我们付出最多的人。尊重父母，孝敬父母，是人的本能，也是做人的根本，更是为人子女应尽的本分。

# 一

## 天地之经

> 《孝经》是一本关于孝的著作，篇幅不长，却能位列"十三经"。历代帝王都纷纷为之作注。孝作为中华民族最重要的文化基因世代相传，"孝"为何如此重要呢？

◎ **原　文**

1. 曾子曰："甚哉，孝之大也！"子曰："夫孝，天之经也，地之义也，民之行也。天地之经，而民是则之。则天之明，因地之利，以顺天下。"

——《孝经·三才》

2. 曾子曰："夫孝，置之而塞乎天地，溥之而横乎四海，施诸后世而无朝夕，推而放诸东海而准，推而放诸西海而准，推而放诸南海而准，推而放诸北海而准。《诗》云：'自西自东，自南自北，无思不服。'此之谓也。"

——《礼记·祭义》

◎ **大　意**

1. 曾子说："太伟大了！孝道是多么博大高深呀！"孔子说："孝道犹如天上日月星辰的运行，地上万物的自然生长，是人最根本的品行。天地有其自然法则，人类从中领悟到施行孝道是做人的法则而遵循它。效法上天那永恒不变的规律，利用大地自然四季中的优势，顺乎自然规律对天下民众施以政教。"

2. 曾子说："这孝道，放在那里可以充满于天地之间，铺展开来可以横贯于四海之内，施行于后世可以不分早晚地一直运行，推行到东海可以作为道德标准，推行到西海可以作为道德标准，推行到南海可以作为道德标准，推行到北海可以作为道德标准。《诗经》中说：'从东到西，从南到北，没有不服的。'说的就是这种情况。"

## ◎ 晓事明理

### 苏轼为父母奔丧

宋代著名大词人苏轼一生颇为坎坷。嘉佑元年（1056年）三月，苏轼正好二十岁，他与弟弟苏辙随父出川赴京赶考，并同榜考取进士，引起轰动。当朝皇帝宋仁宗听了主考官欧阳修的介绍后非常高兴，对皇后说："今日为朝廷得了两位宰相，为子孙得了两位老师！"皇后很高兴，建议仁宗重用苏轼。正当苏轼在京候选授官的关键时刻，苏轼的母亲程氏病逝家中。根据惯例，苏轼不仅要回乡奔丧，而且要守丧三年。古人在守丧期间，不能参加任何政治活动，自然不能外出做官。就这样，苏轼错失了被及时任命的机遇。果然，等苏轼三年守孝后回京，皇帝对他的热情已大不如从前，只任

命他做了凤翔府判官。后来宋英宗又要重用苏轼，之前反对他的韩琦也不反对了，苏轼大展宏图、建功立业的理想眼看就要实现了。就在此时，苏轼的父亲苏洵突然暴病而死。苏轼悲痛万分，从此一蹶不振。因为父亲是自己的启蒙恩师，也是自己事业上的精神导师，父子情深啊！苏轼又开始了三年漫长的守丧岁月。等到三年后他再度听调回京，已是时过境迁、物是人非了。苏轼一生在仕途上不得志，与为父母守丧有着很大的关系。从汉代施行的"丁忧"制度，要求为官者必须辞官回家守孝三年。可见，孝先于权势地位和金钱名利，乃是为人之本。孝是为人子女的本分，是天经地义的，也是放之四海而皆准的。

## 二

## 为人之本

> "孝"的观念贯穿整个中华民族的历史进程,关于孝的故事从舜帝便可以讲起。在评价一个人的品德时,最重要的是一个人是否"孝"。孝为何可以成为为人之本呢?

◎ 原 文

1. 子曰:"夫孝,德之本也,教之所由生也。复坐,吾语汝。身体发肤,受之父母,不敢毁伤,孝之始也。立身行道,扬名于后世,以显父母,孝之终也。夫孝,始于事亲,中于事君,终于立身。"

——《孝经·开宗明义》

2. 孔子曰:"孝,德之始也;悌,德之序也;信,德之厚也;忠,德之正也。"

——《孔子家语·弟子行》

3. 孔子曰:"行己有六本焉,然后为君子也。立身有义矣,而孝为本;丧纪有礼矣,而哀为本;战阵有列矣,而勇为本;治政有理矣,而农为本;居国有道矣,而嗣为本;生财有时矣,而力为本。"

——《孔子家语·六本》

4. 孟子曰:"仁之实,事亲是也;义之实,从兄是也;

智之实，知斯二者弗去是也；礼之实，节文斯二者是也；乐之实，乐斯二者，乐则生矣；生则恶可已也，恶可已，则不知足之蹈之手之舞之。"

——《孟子·离娄上》

## ◎ 大　意

1. 孔子说："孝是一切道德的根本，所有品行的教化都是由孝行生发出来的。你还是回到原位坐下，我讲给你听。一个人的身体、四肢、毛发、皮肤，都是从父母那里得来的，不敢损坏伤残，这是孝的开始。一个人要建功立业，遵循道德，扬名于后世，使父母荣耀显赫，这是孝的终极状态。所谓孝道，就是从侍奉父母开始，中间阶段是效忠君王，最终则是建功立业。"

2. 孔子说："孝是道德的起始，悌是道德的推进，信是道德的加深，忠是道德的准则。"

3. 孔子说："立身行事有六个根本，然后才能成为君子。立身有仁义，孝道是根本；举办丧事有礼节，哀痛是根本；交战布阵有行列，勇敢是根本；治国有条理，农业是根本；掌管天下有原则，选定继承人是根本；创造财富有时机，下力气是根本。"

4. 孟子说："仁落实到行为上就是侍奉父母；义落实到行为上就是顺从兄长；智落实到行为上就是了解这两方面的道理而不背离；礼落实到行为上就是对两者进行合理的调节并加以修饰；乐落实到行为上就是以这两者为乐，乐就产生了；快乐产生怎么能抑制得了，抑制不住，就会不自觉地手舞足蹈起来。"

## ◎ 晓事明理

### 刘安世顺母做谏官

北宋后期的刘安世是一位忠孝之士。他年少好学，素有大志，在家对父母孝顺恭敬；在朝担任谏官深明大义，忠言无所

顾忌，被时人称为"殿上虎"。刘安世被任命为谏官，还未受命，他回到家里对母亲说："朝廷让我任谏官。倘若我当了这个官，必须心明胆大，以身任职。如果有所触犯，祸患马上就会到来。皇上以孝道治理天下，如果我以母亲年老为托辞，应当可以避免任此官职。"母亲严肃地说："不能这样。我听说谏官是天子的诤臣，你父亲一生想做谏官，可是最终也没有如愿，而你有幸任此官职，应当献身国家。如果因得罪被流放，不管远近，我会跟随你去所去的地方。"刘安世遵照母亲的教诲，接受了这个官职。他在职的几年，正色而立，主持公道，敢于当面谏诤。有时皇上大怒，他就手持笏板后退一步站立，等皇上怒气平息，又上前力谏。他年老以后，朝廷上的各位贤人差不多都去世了，而他依旧岿然独立在朝廷上，并且名望更加显赫。

感恩、责任、担当，都是孝所蕴藏的要素。孝不仅是一个人正心、修身、齐家的行事依据，而且是社会和谐所赖以维系的价值核心。习近平总书记多次强调，"培育和弘扬社会主义核心价值观必须立足中华优秀传统文化"。孝文化作为传统文化的精髓，为我们培育和践行社会主义核心价值观提供了良好参照。以孝德为中心不断向外扩展，孝文化就会成为代际沟通、家庭和睦、社会和谐的润滑剂，社会道德建设也能获得坚实稳固的支撑。国之本在家，家之本在孝。孝是所有德行的根本，在家为孝子，在外才能尊重他人，在国才能为忠臣。

## 三

## 良知良能

> 孩提之童，都会对父母产生很强的依赖感。父母给了孩子难以替代的安全感，孩子也会把手中的食物分给父母。"孝"是每个人与生俱来的良知良能。

◎ **原　文**

1. 子曰："弟子入则孝，出则弟，谨而信，泛爱众，而亲仁。行有馀力，则以学文。"

——《论语·学而》

2. 为人君，止于仁；为人臣，止于敬；为人子，止于孝；为人父，止于慈；与国人交，止于信。

——《礼记·大学》

3. 孟子曰："人之所不学而能者，其良能也；所不虑而知者，其良知也。孩提之童，无不知爱其亲者；及其长也，无不知敬其兄也。亲亲，仁也；敬长，义也。无他，达之天下也。"

——《孟子·尽心上》

4. 人之有道也，饱食、暖衣、逸居而无教，则近于禽兽。圣人有忧之，使契为司徒，教以人伦：父子有亲，君臣有义，夫妇有别，长幼有序，朋友有信。

——《孟子·滕文公上》

## ◎ 大 意

1. 孔子说："年轻人应该孝顺父母，尊敬兄长，谨慎而且诚信，广施爱心，亲近仁德之人。做好了以上这些，尚有余力，就可以学习文化知识了。"

2. 作为君王，应该做到仁德；作为臣子，应该做到恭敬；作为儿子，应该做到孝顺；作为父亲，应该做到慈爱；和人民交往，应该做到诚信。

3. 孟子说："人不经学习就能做到的，是良能；不经考虑就能知道的，是良知。年幼的孩子，没有不知道爱护自己双亲的；等长大了，没有不知道尊敬自己兄长的。爱护父母就是仁，尊敬兄长就是义。这其中没有别的原因，这是天下通行的准则。"

4. 人有做人的准则，吃饱、穿暖、安居却没有教养，就接近于禽兽。圣人担忧这件事，任命契作为司徒来教化百姓，并明确人的基本关系：父子之间有亲情，君臣之间有礼义，夫妇之间有差别，长幼之间有次序，朋友之间有诚信。

## ◎ 晓事明理

### 七岁男孩换肾救母

孝是家庭亲子伦理的核心，也是亲子之间相处的应有之行。孝一直滋生在每个中国人心中，浸润在社会生活的各个方面，亘古不变。父母慈爱子女，子女孝敬父母，家庭才能和谐顺遂。2016年4月29日，荆州七岁男孩陈孝天因罹患脑瘤不幸离世。遵从他的遗愿，医生将陈孝天的左肾移植给了他肾衰竭的母亲。同时，陈孝天的右肾和肝脏也挽救了另外两名年轻患者的生命。陈孝天，五岁半时查出患有恶性脑瘤，手术后不幸复发，无法再进行医治。而他的妈妈周璐患有尿毒症，只有肾移植手术才能活命。内心焦虑的奶奶大胆提出：在孙子孝天离开后，用他的肾来挽救儿媳周璐。这一想法遭到周璐的强烈反对。而懂事的孝天说，"我想救妈妈！我想保护妈妈！"为了让儿子的生命在自己的身上得以延续，周璐最终还是接受了儿子的肾脏。虽然孝天因病不幸离去，但将生的希望留给了妈妈。母子间的肾脏移植手术在同济医院成功完成，孝天的肾脏开始在妈妈的体内正常工作。一个孩提之童便知道救妈妈，保护妈妈，这就是孝的本源与天性。孝，正如孟子所言，是人的良知良能。

第二章

孝道贵在心中孝

## 一

## 孝始于养

> 赡养父母，是人情之常。小时候，父母为子女提供衣食住行；父母老了之后，子女自然有赡养父母的义务。赡养父母，仅仅是孝的基本要求，孝也是有不同层次的。

◎ 原　文

1. 祭者，所以追养继孝也。孝者畜也。顺于道不逆于伦，是之谓畜。是故，孝子之事亲也，有三道焉：生则养，没则丧，丧毕则祭。

——《礼记·祭统》

2. 众之本教曰孝，其行曰养。养，可能也，敬为难；敬，可能也，安为难；安，可能也，卒为难。父母既没，慎行其身，不遗父母恶名，可谓能终矣。

——《礼记·祭义》

3. 孝有三：小孝用力，中孝用劳，大孝不匮。

——《礼记·祭义》

◎ 大　意

1. 祭祀就是用来追补生养时的供养，继续生时的孝道。所谓孝，就是畜的意思。顺从道义，不悖于伦常，就叫作畜。因此，孝子侍奉双亲有三个要求：父母在世时要供养，父母去世要服丧，服丧期结束要进行祭祀。

2. 民众的根本教育就是孝，其具体行为就是供养。供养是可以做到的，恭敬地对待父母就难了。对父母恭敬是可以做到的，让父母安心是很难的。让父母安心是可以做到的，而一直坚持就很难了。父母过世之后，仍然能够谨慎地对待自己的身心，不给父母留下恶名，可以称得上终生行孝了。

3. 孝道有三等，小孝用体力，中孝用功劳，大孝永无竭尽。

## ◎ 晓事明理

### 明日他儿饿我儿

据说早年有个不孝之子，在父亲年老体衰后将其锁在破屋之内，且只让老父吞糠咽菜，他却和自己的儿子吃遍珍肴。这事被他的父亲看到后，感伤无限，就吟出了《明日他儿饿我儿》的打油诗："隔窗望见儿喂儿，想起当年我喂儿，今日我儿来饿我，明日他儿饿我儿。"这首打油诗看似平淡无奇，却起着警惕世人的作用。

清代诗人袁牧所著的《随园诗话》里也有一个类似的故事，有一箍桶匠十分疼爱儿子，怎奈他年老体弱不能自食其力后，其子经常让他饿肚子，把好饭留给他的孙子吃。箍桶匠触景生情，感慨之余哼出了《莫教孙儿饿我儿》的打油诗："曾记当年养我儿，我儿今又养孙儿，我儿饿我凭他饿，莫教孙儿饿我儿。"可怜天下父母心，虽身处厄运，但对不孝之子难舍亲情，真是一个可悲又可敬的慈父形象！

清康熙年间，福建南安县某村有一老者，儿子不孝，让老人住在猪圈旁的一间草屋中。有一天，老人生病，无人过问。隔天猪生病，家人忙请兽医。老人感叹，自咏一首打油诗："我与猪邻墙，猪命比我强，我病无人问，猪病全家忙。"这首打油诗不仅表达了老人的无奈与愤懑,而且鄙视了儿子视猪命重于亲情的不孝行为。还有一首流传于古代的打油诗:"家家有老人,人人有老时;尔今不敬老,尔老谁敬尔?"现今也有不少规劝儿女行孝的打油诗。例如,广东肇庆市某镇的陈老伯夫妇俩含辛茹苦地把儿子抚养成人,不料儿子婚后竟拒绝赡养二老。一日,儿子作了一首打油诗:"爹同志,娘同志,爹娘两位老同志,新时代兴新办法,各人挣钱各人花。"对此,陈老伯很气愤,"以牙还牙"地回赠了一首:"儿同志,媳同志,儿媳两位少同志,生儿育女我有罪,二十年后你尝味。"这两首打油诗很快在当地流传开来,谁是谁非,泾渭分明。这些打油诗虽然没有华丽的语言,但都表明,关爱今天的老人,也就是关爱明天的自己。

## 二

## 大孝尊亲

> 有些人在赡养父母时，只保证父母能够活下去。有些人在赡养父母时，毫不吝啬，挥金如土，但是很多老人依旧闷闷不乐。孝，不仅仅是对父母进行物质赡养，而且要尊老敬老。

◎ 原 文

1. 曾子曰："孝有三：大孝尊亲，其次弗辱，其下能养。"

——《礼记·祭义》

2. 子游问孝。子曰："今之孝者，是谓能养。至于犬马，皆能有养；不敬，何以别乎？"

——《论语·为政》

◎ 大 意

1. 曾子说："孝有三等，大孝能使双亲受到尊重，次一等的是不能让父母受到耻辱，再次一等的是只能养活自己的父母。"

2. 子游问孝。孔子说："现在的孝顺，只是能赡养老人。即使是犬马，也会赡养自己的父母。不敬重，有何区别呢？"

## ◎ 晓事明理

### 汉文帝床前侍母

孝有不同的层次。面对父母，我们不仅要给予物质供养，尽力让父母吃得好、用得好，而且要对父母有敬意。目前我国的温饱问题已基本解决，老人面临的精神问题更加突出：老人逐渐被社会边缘化，缺少参与社会生活的机会，社会价值得不到体现，精神空虚，需要子女的关爱等。这就需要我们更加重视对父母的精神赡养。

汉文帝刘恒是历史上有名的大孝子。他为人宽厚平和，侍奉母亲薄太后从没有一丝懈怠。有一次薄太后得了重病，可把文帝急坏了。他赶紧召集御医为母亲诊治，自己更是时常在床前侍奉。在母亲生病的三年里，他白天一有空就去陪母亲说话解闷，让母亲不要胡思乱想，只管安心养病；晚上总是等母亲睡下了，自己才趴在床边睡一会儿。母亲心疼他，劝他回去休息。文帝说："只有看到母亲睡得安稳，我才放心，早回去反而睡不着。"母亲没办法，只好同意了。母亲生病期间，文帝亲自为母亲煎熬汤药，一天三次，从不间断。每次煎完药，文帝总要试试药烫不烫、苦不苦，觉得可以喝了，再端给母亲。汉文帝的孝行流传朝野，人人都称赞他是一个大孝子。汉文帝日理万机，还不忘陪伴在母亲的病榻之侧，为母亲亲尝汤药，实在难得。

现在的我们也应该多陪陪父母，关心爱护父母的身体健康状况，让父母过得开心、幸福、美满。

## 三

## 善继人之志

> "望子成龙""望女成凤",父母总是对孩子怀有很高的期许。希望孩子能够出人头地,能够过得比自己更好。孝,很重要的方式就是要完成父母对我们的期望,让父母顺心。

◎ 原　文

1. 子曰:"父在,观其志;父没,观其行;三年无改于父之道,可谓孝矣。"

——《论语·学而》

2. 子曰:"武王、周公,其达孝矣乎!夫孝者:善继人之志,善述人之事者也。"

——《礼记·中庸》

3. 孟子曰:"曾子养曾皙,必有酒肉。将彻,必请所与。问有余,必曰:'有。'曾皙死,曾元养曾子,必有酒肉。将彻,不请所与。问有余,曰:'亡矣。'将以复进也。此所谓养口体者也。若曾子,则可谓养志也。事亲若曾子者,可也。"

——《孟子·离娄上》

4. 曾子曰:"孝子之养老也,乐其心不违其志,乐其耳目,安其寝处,以其饮食忠养之孝子之身终,终身也者,非终父母之身，终其身也；是故父母之所爱亦爱之，父母之所敬亦敬之，至于犬马尽然，而况于人乎！"

——《礼记·内则》

## ◎ 大 意

1. 孔子说："父亲在世时，观察儿子要看他的志向；父亲死后，要看他的行为，三年内能不改父亲生前的规矩习惯，可算孝了。"

2. 孔子说："武王和周公真是大孝啊！这种孝是善于继承先人的遗志，善于完成先人的事业。"

3. 孟子说："曾子赡养曾皙，每顿饭必定有酒有肉。撤掉食物时，一定要请示剩下的食物给谁？曾皙问有没有剩余，一定说'有'。曾皙死后，曾元赡养曾子，每顿饭也一定有酒有肉。撤掉食物的时候，不问剩下的食物给谁。曾子问有没有剩余的时候，必定说'没有'。将剩下的食物下一顿再给父亲吃。这就是所说的对父母的口体供养。至于曾子赡养曾皙，就是所谓的养志了。侍奉父母能做到像曾子这样，就可以了。"

4. 曾子说："孝子奉养父母，要使老人家心里快乐，不违背他们的意志，让老人听好听的，看好看的，住得舒适，用饮食忠诚供养父母，直到孝子死去。所说的终身，不是父母一生的终止，而是孝子的一生终止。所以父母所爱的，子女也应该喜爱，父母所尊敬的，子女也应该尊敬。就算父母喜欢的狗和马也要这样，更何况是人呢？"

## ◎ 晓事明理

### 承母志精忠报国

每个人都是父母血缘的延续，同时也承载着父母的希望。孝的最高层次便是能继承父母的优良传统，实现父母未完成的愿望。

　　岳飞小时候家里非常穷，母亲用树枝在沙地上教他写字，还鼓励他好好锻炼身体。岳飞勤奋好学，不但知识渊博，而且练就了一身好武艺，成为文武双全的人才。当时，北方的金兵常常攻打中原。岳飞的母亲鼓励儿子报效国家，并在他背上刺了"精忠报国"四个大字。孝顺的岳飞不敢忘记母亲的教诲，这四个字成为岳飞终生遵奉的信条。每次作战时，岳飞都会想起"精忠报国"四个大字。由于他勇猛善战，取得了很多战役的胜利，立了不少功劳，名声也传遍了大江南北。岳飞还建立起一支纪律严明、作战英勇的抗金军队——"岳家军"，让金军闻风丧胆。金兵统帅长叹道："撼山易，撼岳家军难！"后来，秦桧诬告岳飞谋反，将他关入监狱，以"莫须有"的罪名将岳飞毒死。岳飞死时只有三十九岁。他一生谨记母亲的教诲，即使在死的那一刻，也没有忘记母亲"精忠报国"的教诲。岳飞的一生深刻诠释了孝的最高境界。

　　当今社会，很多孩子特别反感父母为自己规划人生，表现出很强的叛逆心理。父母的人生阅历要比孩子丰富得多，为孩子做好规划也是出于对孩子的爱。孩子不应认为这是父母把自己的期望强加于自己，而应仔细考虑父母的建议，并在父母和自己的规划中找到一个平衡点。

# 第三章 尽心竭力孝父母

每个中国人心里都有一个孝的理念，但在生活当中却不知道怎么和父母相处。想做到孝，除了有一颗孝心之外，我们还需要做好哪些方面呢？

## 一

## 尽力致诚

> "论心不论迹,论迹寒门无孝子。"每个人的物质条件不一样,尽孝的程度也不同。只要根据自己的实际情况,全力以赴地让父母安度晚年,就可以了。

### ◎ 原 文

1. 孝子之事亲也,尽力致诚,不义之物,不入于馆,为人子不可不孝也!

——《韩诗外传·卷九》

2. 用天之道,分地之利,谨身节用,以养父母,此庶人之孝也。故自天子至于庶人,孝无终始,而患不及己者,未之有也。

——《孝经·庶人》

3. 以己之所有尽事其亲,孝之至也。故匹夫勤劳,犹足以顺礼,啜菽饮水,足以致其敬。孔子曰:"今之孝者,是为能养,不敬,何以别乎?"故上孝养志,其次养色,其次养体。贵其礼,不贪其养,礼顺心和,养虽不备,可也。

——《盐铁论·孝养》

## ◎ 大 意

1. 孝子侍奉父母，要尽心竭力到问心无愧的地步，不符合道义的东西，不带入自己的处所，作为人子不可以不孝啊！

2. 利用大自然运行的规律，分清土地的不同特点，加以妥善利用，行为举止小心谨慎，勤俭节约，来供养父母，这就是普通人的孝了。所以，从天子到平民，（如果）不将孝道自始至终地完成，却幻想不受灾害的惩处，几乎是不可能的事情。

3. 倾尽自己的所有来侍奉双亲，就是孝的极致了。所以，普通人勤劳，按照礼来做，即使是吃粗粮喝白水，也能够表达敬意。孔子说："现在所说的孝，是能进行物质赡养，不尊敬父母，有什么区别呢？"所以最上等的孝是顺从父母的意志，然后是让父母愉快，然后才是供给父母生活所需。珍视礼的作用，不贪图好的吃喝，礼做得顺了，心里就有和气。即使吃喝不是很完备，也是可以的。

## ◎ 晓事明理

### 为父母医病成"药王"

唐初著名医学家孙思邈用毕生精力研究医药学，所著《千金方》记载了800多种药物和3000余个药方，因此，史称其"药王"。可谁会想到这位药王最初的学医动机竟是为了给父母治病呢？

孙思邈出生在一个贫困家庭，父亲是个木匠。七岁时，父亲得了夜盲症，母亲患了粗脖子病。看到父母因为疾病而痛苦，孙思邈萌发了当医生治病救人的心愿。有一次，父亲锯木头时，他在一旁看着发呆。父亲问他："孩子，你是不是也想做木匠？""不，我不做木匠，我要当医生，给您和娘治病。"父亲念他一片孝心，就对他说："要当医生就得读书识字，我一字不识，不能教你，明天我就带你去拜师。"孙思邈学了两年后回到家乡。有一次，他治好了一位病人，病人到他家来答谢，得知孙思邈父母的病况，就对孙思邈说："我听说太白山里有一位叫陈元的老郎中，能治你母亲的那种病。"孙思邈一听大喜过望，第二天就去太白山拜陈元为师。在陈元那里，孙思邈学到了治粗脖子病的秘法。可是如何才能治好夜盲症呢？孙思邈苦苦地思索着。他为此翻看了大量医书，终于有了重要发现：肝开窍于目。他想，何不让病人吃牛羊肝试试呢？于是，他给病人开了新的药方。结果，不到半个月，病人的病就好了。孙思邈马上收拾东西回家给父亲治病。父亲的眼睛很快能在夜间看见东西了，母亲的脖子也恢复了正常。从此，孙思邈更加刻苦地钻研医药知识，终于成为一代"药王"。孙思邈的学医之路生动地诠释了如何尽心竭力孝敬父母。

　　孝是贯穿每个人一生的事，要尽力做到无愧于心。正如《韩诗外传》中所说"树欲静而风不止，子欲养而亲不待也"，行孝须及时，同时，行孝须周全。孝顺父母要做到问心无愧，而不是在父母离去后留下终身遗憾。

## 二

## 无违于礼

> 礼是社会生活的规则,从古至今,礼贯穿了人出生到去世的整个过程。按照礼的要求来孝养父母,才是真正的孝。否则,很容易因为自己的为所欲为,让孝成为笑柄。

◎ 原　文

1. 孟懿子问孝。子曰:"无违。"樊迟御,子告之曰:"孟孙问孝于我,我对曰:'无违'。"樊迟曰:"何谓也?"子曰:"生,事之以礼;死,葬之以礼,祭之以礼。"

——《论语·为政》

2. 子路曰:"伤哉贫也!生无以为养,死无以为礼也。"孔子曰:"啜菽饮水尽其欢,斯之谓孝;敛首足形,还葬而无椁,称其财,斯之谓礼。"

——《礼记·檀弓下》

3. 父母爱之,喜而不忘;父母恶之,惧而无怨;父母有过,谏而不逆;父母既殁,以哀,祀之加之;如此,谓礼终矣。

——《大戴礼记·曾子大孝》

◎ 大　意

1. 孟懿子问什么是孝。孔子说:"孝就是不违背礼。"樊迟驾车时，孔子告诉他："孟孙问我什么是孝，我说：'不违背礼'。"樊迟说："什么意思？"孔子说："父母活着时依礼侍奉；死之后依礼安葬，依礼祭祀。"

2. 子路说："贫穷真是可悲啊！父母在世，没有钱财奉养；父母去世，没有钱财办丧礼。"孔子说："吃豆粥，喝清水，但能让老人开心，这样就可以称作孝了；去世了，衣被能够遮盖头部四肢形体，入殓后就埋葬，没有外椁，只要办丧事的花费和自己的财力相称，这样就可以称作礼了。"

3. 父母疼爱他，高兴而不能忘记；父母厌恶他，惧怕而不怨恨；父母犯了过错，劝谏而不敢忤逆；父母死后，用服孝三年、享祀加举祀来纪念；像这样，才能叫作行礼终生了。

◎ **晓事明理**

### 丧礼成闹剧

礼是判断是非的标准。在不符合礼的情况下侍奉父母，不仅不会让父母过得好，而且可能让父母招致耻辱。侍奉父母要匹配自己的家境才是最合适的。当代社会葬礼上经常出现闹剧。

有新闻报道，某地有一习俗，即在丧礼的后半段，总会有乡村草台班子粉墨登场，讲段子、说笑话甚至打情骂俏，话语粗俗不堪，四周人群却不以为意，还为之哄笑喝彩。而且近些年像这种在丧礼上跳脱衣舞这种极端情况，近些年在不少地方其实早就成为"民俗"。央视《焦点访谈》就曾曝光过江苏东海丧礼上的脱衣舞表演，此后各地类似事件报道不断。江苏沭阳还曾查处过一起丧礼艺术团大跳脱衣舞的案件，组织者均已被刑事拘留。

"丧尽礼，祭尽诚"，丧祭是非常庄严肃穆的仪式，不能成为闹剧，也不应该成为闹剧。丧祭是子女表达对父母追思和感恩之情的一种仪式，在遵守礼的情况下表现出对父母的孺慕之情才最为合宜。

## 三

## 和颜悦色

> 我们越是和亲近的人相处，越容易因为他们的包容而无所顾忌。在面对父母时就是这样。父母因为担心会时常叮嘱孩子，就是这些关爱的叮嘱，成了很多人口中的"唠叨"。对父母和颜悦色，是每个子女必须学会的功课。

### ◎ 原 文

1. 子夏问孝。子曰："色难。有事，弟子服其劳；有酒食，先生馔，曾是以为孝乎？"

——《论语·为政》

2. 孝子之有深爱者，必有和气；有和气者，必有愉色；有愉色者，必有婉容。孝子如执玉，如奉盈，洞洞属属然，如弗胜，如将失之。严威俨恪，非所以事亲也，成人之道也。

——《礼记·祭义》

### ◎ 大 意

1. 子夏问什么是孝，孔子说："和颜悦色很难。有事情，子女都去做；有酒肉，老人随便吃，这样就是孝吗？"

2. 孝子对于父母有着深沉的爱，必然会和气相待；有和气，必然就有愉悦的神色；有愉悦的神色，就会有恭顺的仪容。孝子举行祭祀，他的神态如同手执宝玉，如同手捧盛满汤水的器皿，恭敬真挚如同承受不住祭品的沉重，就像要拿不住一样。威严庄重的仪容，不是用来侍奉父母的，那是成人在某些场合的仪容和形态。

## ◎ 晓事明理

### 老莱子戏彩娱亲

周朝的老莱子，极为孝顺，因为他的年龄很大，人们称他为老莱子。在他父母年老的时候，不能吃硬的食物，老莱子每次都把饭菜做得很软，父母根本不需要牙齿咬就能吃下去。当老莱子七十岁的时候，他从不在父亲母亲面前说"老"这个字，因为怕说自己老，父母会觉得他们自己更老。为了让父母开心，他常常穿着花衣服装扮成孩子逗父母开心。他常将两个水桶装点水，用扁担挑着，在客堂上故意滑倒，打翻水桶，装出小孩子的声音大哭，父母看他还是和小孩子一样，便会觉得自己也很年轻，心情自然欢喜舒畅，再看儿子的举动滑稽，自然大笑不止。戏舞学娇痴，春风动彩衣。双亲开口笑，喜色满庭闱。戏如孩提孝父母，彩衣着身假痛哭。娱欢春色庭前入，亲至美善蒙山出。

亲情是世界上最温暖的力量，哪怕是寥寥几声问候，也会生出温暖的阳光。但处在脚步匆匆的时代，亲情往往成为最近和最遥远的距离。父母是我们最亲近的人，孝敬父母，不仅要有物质保障，更要注意精神上的满足和愉悦。

## 四

## 感念亲恩

"哀哀父母，生我劬劳。"孩子在襁褓里，父母抱着孩子每天摇摇晃晃；孩子生病时，父母心急如焚；一年四季，父母想着孩子的温饱寒热；等孩子长大了，父母还要挂念子女成家立业一事。父母一辈子的付出，子女怎么能不感恩？

### ◎ 原　文

1. 宰我问："三年之丧，期已久矣。君子三年不为礼，礼必坏；三年不为乐，乐必崩。旧谷既没，新谷既升，钻燧改火，期可已矣。"子曰："食夫稻，衣夫锦，于女安乎？"曰："安。""女安则为之！夫君子之居丧，食旨不甘，闻乐不乐，居处不安，故不为也。今女安，则为之！"宰我出？子曰："予之不仁也！子生三年，然后免于父母之怀。夫三年之丧，天下之通丧也。予也有三年之爱于其父母乎？"

——《论语·阳货》

2. 孝子之祭也，尽其悫而悫焉，尽其信而信焉，尽其敬而敬焉，尽其礼而不过失焉。进退必敬，如亲听命，则或使之也。

——《礼记·祭义》

3. 蓼蓼者莪，匪莪伊蒿。哀哀父母，生我劬劳。

蓼蓼者莪，匪莪伊蔚。哀哀父母，生我劳瘁。

瓶之罄矣，维罍之耻。鲜民之生，不如死之久矣。无父何怙？无母何恃？出则衔恤，入则靡至。

父兮生我，母兮鞠我。抚我畜我，长我育我，顾我复我，出入腹我。欲报之德。昊天罔极！

南山烈烈，飘风发发。民莫不穀，我独何害！南山律律，飘风弗弗。民莫不穀，我独不卒！

——《诗经·蓼莪》

## ◎ 大 意

1. 宰我问："三年守孝期太长了。君子三年不行礼仪，礼仪一定会败坏；三年不奏音乐，音乐一定会失传。吃完陈谷，新谷又长，钻木取火的老方法也该改一改了，守孝一年就够了。"孔子说："才一年时间就吃精米，穿锦衣，你心安吗？"宰我说："心安。"孔子说："你心安就做吧。君子守孝，吃鱼肉不香甜，听音乐不快乐，住豪宅不舒适，所以不那样做。现在你心安，那么你就做吧。"宰我走后，孔子说："宰我真不仁德，婴儿三岁后才能离开父母的怀抱。三年的丧期，是天下通行的丧期。难道他没得到过父母三年的怀抱之爱吗？"

2. 孝子的祭祀，要竭尽自己的恭谨来做到恭谨，要竭尽自己的诚信来做到诚信，要竭尽自己的尊敬来做到尊敬，竭尽礼数而没有过失。一进一退都要做到恭敬，就像真的听到命令一样，或有所指使。

3. 看那莪蒿长得高，却非莪蒿是散蒿。可怜我的爹与妈，抚养我长大太辛劳！

看那莪蒿相依偎，却非莪蒿只是蔚。可怜我的爹与妈，抚养我长大太劳累！

汲水瓶儿空了底，装水坛子真羞耻。孤独活着没意思，不如早点就去死。没有亲爹何所靠？没有亲妈何所恃？出门行走心含悲，入门茫然不知止。

　　爹爹呀你生下我，妈妈呀你喂养我。你们护我疼爱我，养我长大培育我，想我不愿离开我，出入家门怀抱我。想报爹妈大恩德，老天降祸难预测！

　　南山高峻难逾越，飙风凄厉令人怯。大家没有不幸事，独我为何遭此劫？南山高峻难迈过，飙风凄厉人哆嗦。大家没有不幸事，不能终养独是我！

## ◎ 晓事明理

### 容易被忽视的"爱"

　　一个女孩跟妈妈吵架，一气之下，她转身向外跑去。她走了很长时间，看到前面有个面摊，这才感觉到肚子饿了。可是，她摸遍了身上的口袋，连一枚硬币也没有。面摊的主人是一个很和蔼的老婆婆，看到小女孩站在那里，就问："孩子，你是不是要吃面？""可是，可是我忘了带钱。"小女孩有些不好意思地回答。"没关系，我请你吃。"老婆婆端来一碗馄饨和一碟小菜。女孩满怀感激，刚吃了几口，眼泪就掉了下来。"你怎么了？"老婆婆关切地问。"我没事，只是很感激！"她忙擦眼泪，对老婆婆说，"我们不认识，你却对我这么好，愿意煮馄饨给我吃。可是我妈妈，我跟她吵架，她竟然把我赶出来，还叫我不要再回去！"老婆婆听了，平静地说道："孩子，你怎么能这么想呢？你想想看，我只不过煮了一碗馄饨给你吃，你就这么感激我，那你妈妈煮了十多年的饭给你吃，你怎么不感激她呢？你还要跟她吵架？"女孩愣住了，匆匆吃完了馄饨，开始往家走去。当她走到家附近时，看到疲惫不堪的母亲正在路口四处张望……母亲看到她，脸上立即露出了喜色："赶快过来吧，饭早就做好了，你再不回来吃，菜都要凉了！"这时，女孩的眼泪再次落下来！生活中，我们不仅要感激别人的帮助，对亲人的厚爱也应铭记在心，切勿"视而不见"。

# 第四章

## 行孝由己 记心间

　　孝不仅表现为对父母的态度，也体现在我们自我管理方面。照顾好自己，让父母放心，是孝；通过努力，让父母身有令名，是孝；心中常念父母，也是孝。

# 一

## 全而归之

> 孩子的一举一动都备受父母关注。孩子生病的时候,是父母最难熬的时候。很多大学生,父母一天一个电话,了解孩子的学习生活。每个子女都应该照顾好自己,少让父母操心,不让父母担心。

◎ **原 文**

1. 孟武伯问孝。子曰:"父母唯其疾之忧。"

——《论语·为政》

2. 子曰:"父母在,不远游,游必有方。"

——《论语·里仁》

3. 曾子曰:"身也者,父母之遗体也。行父母之遗体,敢不敬乎?居处不庄,非孝也;事君不忠,非孝也;莅官不敬,非孝也;朋友不信,非孝也;战陈无勇,非孝也;五者不遂,灾及于亲,敢不敬乎?"

——《礼记·祭义》

4. 父母全而生之,子全而归之,可谓孝矣。不亏其体,不辱其身,可谓全矣。故君子顷步而弗敢忘孝也。

——《礼记·祭义》

5. 曾子曰:"父母生之,子弗敢杀;父母置之,子弗敢废；父母全之，子弗敢阙。故舟而不游，道而不径，能全肢体，以守宗庙，可谓孝矣。"

### ◎ 大 意

1. 孟武伯问什么是孝。孔子说："要让你的父母只为你的疾病担忧。"

2. 孔子说："父母在世时，不要走远，必须远走时，一定要让父母知道你去哪里。"

3. 曾子说："身体是父母留给我们的。用父母留给我们的身体来生活行动，怎么敢不恭敬呢？生活起居不庄重就是不孝；为君王工作不忠心，就是不孝；为官不谨慎就是不孝；对朋友不诚信就是不孝；在战场上不勇敢就是不孝。以上五点都做不到，灾祸就要祸及父母，怎么敢不恭敬呢？"

4. 父母完完全全地生下子女，子女就应该完完全全地归还给父母，这就是所说的孝。不损坏自己的身体，不让自己的身体受侮辱，就可以称得上完全了。因此，君子迈出的每一步都不能忘记孝。

5. 曾子说："父母生下了自身，孩子不敢毁坏；父母养育了自身，孩子不敢废弃；父母保全了自身，孩子不敢损伤。所以渡水时乘船不游涉，走路时走大路而不走小路。能保全四肢，以便守住宗庙，这可以称为孝顺了。"

### ◎ 晓事明理

#### 保全自己显孝心

曾子是孔子门下有名的孝子。《论语》中有记载：曾子有疾，召门弟子曰："启予足！启予手！诗云：'战战兢兢，如临深渊，如履薄冰。'而今而后，吾知免夫，小子！"在曾子生活的时代，刑罚经常会涉及人的肉体。曾子一生谨小慎微地去保全自己的身体，不愧为千古流传的孝子。东晋名儒范宣是一个品行高洁、清廉俭约的人。晋成帝咸和元年（326年），太尉郗鉴任他为主簿，朝廷征召为太学博士、散骑郎，都拒而不就。他是一个非常孝顺的人，自幼便喜隐遁，性情内向；在学习上刻苦自励，博通典籍，精于《三礼》；家境贫寒，亲自耕作度日。范宣八岁的时候，在后园挖菜，不小心伤了手指头，就大哭起来。有人问他："疼吗？"范宣回答："不是疼，是因为身体发肤受之父母，我不敢伤毁，所以才哭啊。"父母死后，他背土成坟，在墓侧结庐而居，以尽孝道。

"身体发肤，受之父母，不敢毁伤，孝之始也。"孩子是父母的心头肉，孩子在不经意间受的一点伤都会让父母十分担心。因此，照顾好自己，不让父母担心，既是为自己好，也是为父母尽孝。

## 二

## 闻名乡里

> "三十岁前看父敬子,三十岁后看子敬父。"在朋友的聊天中,最喜欢和最骄傲的事情就是"晒孩子"。尤其是在乡村,培养出一个好孩子,是让乡里乡亲无比羡慕的一件事。子女孝敬父母,不妨努力有个好名声,父母会比你更开心。

◎ **原 文**

1. 子曰:"孝哉闵子骞!人不间于其父母昆弟之言。"

——《论语·先进》

2. 子云:"睦于父母之党,可谓孝矣。故君子因睦以合族。"

——《礼记·坊记》

3. 曾子曰:"孝子言为可闻,行为可见。言为可闻,所以说远也;行为可见,所以说近也;近者说则亲,远者悦则附;亲近而附远,孝子之道也。"

——《荀子·大略》

4. 亨孰膻芗,尝而荐之,非孝也,养也。君子之所谓孝也者,国人称愿然曰:'幸哉有子!'如此,所谓孝也已。

## ◎ 大　意

1. 孔子说："闵子骞真孝顺！外人都赞同他父母兄弟对他的称赞。"

2. 孔子说："与父母的族亲和和睦睦，可以称得上孝了。所以君子就通过和睦来联系宗族。"

3. 曾子说："孝子的言语使人可以听闻，行为让人可见。言语可以听闻，所以让远方的人悦服；行为让人可见，所以让近处的人悦服；近处的人悦服就会亲近，远方的人悦服就会亲附。近处的人亲近，远方的人亲附，就是孝子之道了。"

4. 煮熟牲肉，香气四溢，尝一口进献给父母，这并不是孝，只是供养。君子所说的孝子，国人都羡慕，而且说："多幸福呀，有这样的儿子！"这样，就是所说的孝了。

## ◎ 晓事明理

### 兄友弟恭传美名

王祥和王览，是同父异母兄弟。王祥（185—269），西晋琅琊（在今山东临沂）人，字休徵。汉末，他隐居庐江（治所在今安徽舒城）二十余年；后任温县令，累迁大司农、司空、太尉；至晋代魏，官至太保。就是这样一个大官，却是中国古代著名的大孝子。"二十四孝"中"卧冰求鲤"的故事说的就是他。王览（206—278），字玄通。《晋书·王祥传》称他"孝友恭恪，名亚于祥"。他对父母笃孝，对兄长恭敬，名声仅次于王祥。最难得的是，他自小就不忍心看到自己的母亲虐待兄长，经常在母亲朱氏责骂加害兄长王祥时挺身而出，护着兄长。王览出仕以后，先后任司徒西曹掾、清河太守、太中大夫。西晋武帝司马炎下诏表彰王览曰："览少笃至行，服仁履义，贞素之操，长而弥固。"王祥在孝道方面不仅自己身体力行，而且对子女也提出了严格的要求。在他八十五岁高龄的时候，身染重病，乃"著遗令训子孙"道："夫言行可覆，信之至也；推美引过，德之至也；扬名显亲，孝之至也；兄弟怡怡，宗族欣欣，悌之至也；临财莫过乎让。此五者，立身之本。"信、德、孝、悌、让，是中国古代家训中著名的"五德"。孝有大小之分，对父母能养能敬，是一种孝，但只是小孝；自身修行扬名，以彰显父母养育教诲之德，才是大孝。至东晋南朝，琅琊王氏成为江南第一著名士族，涌现出很多政治家、文学家、书法家和画家，诸如东晋名相王导，大书法家王羲之、王献之父子等。王氏家族以诗书传家，人才辈出，世系绵长，这和王祥兄弟以孝悌为本，又以"信、德、孝、悌、让"告诫子孙是分不开的。

## 三

## 心念父母

> 父母一辈子都在为孩子操心。当孩子看到父母青丝变白发，挺直的身板也开始佝偻时，才知道他们真的老了。父母年龄越来越大，子女有没有担心过他们滑倒，有没有想过有一天会和他们永别。关注父母的生活起居，也是孝。

◎ **原　文**

1. 子曰："父母之年，不可不知也。一则以喜，一则以惧。"

——《论语·里仁》

2. 父母有疾，冠者不栉，行不翔，言不惰，琴瑟不御，食肉不至变味，饮酒不至变貌，笑不至矧，怒不至詈。疾止复故。

——《礼记·曲礼上》

◎ **大　意**

1. 孔子说："父母年龄，不能不知道。一因长寿而喜，一因年高而惧。"

2. 父母有了疾病，已经成人的儿子心中忧愁，头发无心梳理，走路也不张起胳膊摆动，说话也不说懈怠无聊的话，不弹琴瑟。少吃肉，但是不至于少到不知道肉味的程度，喝酒不会达到脸色都变的地步,笑不能露出牙齿,发怒也不至于骂人。等到父母康复,做子女的就要恢复常态。

## ◎ 晓事明理

### 陈毅探母

1962年,陈毅元帅出国访问回来,路过家乡,抽空去探望身患重病的老母亲。陈毅的母亲瘫痪在床,大小便不能自理。陈毅进家门时,母亲非常高兴,刚要向儿子打招呼,忽然想起了换下来的尿裤还在床边,就示意身边的人把它藏到床下。陈毅见到久别的母亲,心里很激动,上前握住母亲的手,关切地问这问那。过了一会儿,他对母亲说:"娘,我进来的时候,你们把什么东西藏到床底下了?"母亲看瞒不过去,只好说出实情。陈毅听了,忙说:"娘,您久病卧床,我不能在您身边伺候,心里非常难过,这裤子应当由我去洗,何必藏着呢。"母亲听了很为难,旁边的人连忙把尿裤拿出来,抢着去洗。陈毅急忙挡住并动情地说:"娘,我小时候,您不知为我洗过多少次尿裤,今天我就是洗上十条尿裤,也报答不了您的养育之恩!"说完,陈毅把尿裤和其他脏衣服都拿去,并且洗得干干净净,母亲欣慰地笑了。陈毅元帅是个大人物,有繁忙的公务在身,但他不忘家中的老母亲,百忙之中抽空回家探望瘫痪在床的母亲,为母亲洗尿裤,以关切的话语温暖抚慰病中的母亲。虽然陈毅元帅为母亲所做的只是一些平常小事,但从这些平常的小事,可以看出他对母亲浓厚的爱。他不忘母亲曾为自己付出的点点滴滴,理解母亲的艰辛和不易,知道报答母亲的养育之恩。他的一片孝心,值得天下所有儿女学习效仿。

## 四

## 劝谏父母

我们常说:"冲动是魔鬼。"虽然父母生活经验比孩子要丰富,但是每个人都有冲动的时候,所以当我们发觉父母做的事情不合适的时候,孩子要学会和颜悦色地向父母提出意见。随着父母年龄的增长,他们会习惯每件事都听听孩子的意见,孩子要耐心地和父母交流。

◎ 原 文

1. 子曰:"事父母几谏。见志不从,又敬不违,劳而不怨。"

——《论语·里仁》

2. 曾子曰:"若夫慈爱、恭敬、安亲、扬名,则闻命矣。敢问子从父之令,可谓孝乎?"子曰:"是何言与?是何言与!……父有争子,则身不陷于不义。故当不义,则子不可以不争于父,臣不可以不争于君。故当不义则争之,从父之令,又焉得为孝乎?"

——《孝经·谏诤》

3. 亲之过大而不怨,是愈疏也;亲之过小而怨,是不可矶也。愈疏,不孝也;不可矶,亦不孝也。

——《孟子·告子下》

## ◎ 大 意

1. 孔子说:"侍奉父母,如果父母有错,要好言相劝。自己的意见父母不听从,还是要恭恭敬敬,不要违抗父母的意志。虽然忧愁,但不要怨恨。"

2. 曾子说:"诸如慈爱、恭敬、安亲、扬名等,已经听过老师的教导了。现在我想请教的是,儿子能够听从父亲的命令,可以称为孝吗?"孔子说:"这是什么话呢?这是什么话呢!……父亲有直言劝谏的子女,就不会陷入错误之中。所以,如果有不义的行为,做儿子的不能不去劝谏父亲,臣子不可以不劝谏国君。所以面对不义的行为,一定要劝谏。只是听从父亲的命令,怎么能算得上孝呢?"

3. 父母过错大却不怨,是更加疏远父母;父母的过错小却怨恨,这是受不得一点刺激。更加疏远父母是不孝,不能经受一点刺激也是不孝。

## ◎ 晓事明理

### 李世民苦谏李渊

隋朝末年,兵荒马乱,战火纷飞,各路义军高举反隋朝暴政的大旗,争夺天下,而李渊父子的军队就是其中的一支。在李家军中,李世民头脑冷静、思维缜密,是李渊身边的得力战将。李渊当时在太原为官,他碰到的第一个劲敌是宋老生。李渊原本打算拔营攻打宋老生,但在先头部队出发之后,天空飘起了连绵阴雨。一时间,道路泥泞,粮草短缺,李渊对于是否出兵十分犹豫。夜里,又传来了一个雪上加霜的消息,死对头刘武周和突厥联手,准备抄他的后路。前有强敌,后有追兵,李渊决定退回太原,放弃这次进攻的机会。众将领没有人反对,李世民心中却有些疑惑。他劝说父亲:"刘武周要抄我军后路的消息很可能是讹传,是宋老生为了阻止我方出兵故意放出的假消息。如果我们这次不把握机会,一鼓作气歼灭宋老生的军队,就会后患无穷呀!"李渊觉得世民年少轻狂,断然拒绝了他的劝谏。李世民又进谏了好几次,李渊都没有采纳。撤军令马上就要下达了,李世民忧心忡忡,整夜在床上辗转反侧。经过一夜的思考,他决定再次劝说父亲。天快亮的时候,李世民跑到父亲的帐篷门口,守卫的亲兵不让他进去。情急之下,他跪在门口嚎啕大哭起来。李渊被帐外传来的伤心的哭声吵醒了,他披上衣服走了出去,发现世民跪在地上哭泣。他将儿子扶起来,问他如此伤心的原因。李世民含泪说:"孩儿无法说服父亲不要放弃此次大好机会,心中十分难过。"随后,他再次将这一仗的形势以及利弊向父亲详细、恳切地分析了一遍,希望父亲能收回撤军令。在儿子的劝说下,李渊决定继续进攻宋老生。最终,打出了漂亮的第一仗。所谓"慈"不是一味地溺爱子女;同样,所谓"孝"也不是一味地顺从父母。当父母做出错误的决定时,子女应该想尽办法去劝谏父母。

## 五

## 非孝之行

> 很多人通过前面的学习，会对孝有比较直观的了解。但是有哪些行为是"不孝"的呢？现把"不孝"的行为列在这里，供读者进行比照和反思，有则改之，无则加勉。

◎ **原　文**

1. 于礼有不孝者三，谓阿意曲从，陷亲不义，一不孝也；家贫亲老，不为禄仕，二不孝也；不娶无子，绝先祖祀，三不孝也。

——《孟子章句》

2. 世俗所谓不孝者五：惰其四支，不顾父母之养，一不孝也；博弈好饮酒，不顾父母之养，二不孝也；好货财，私妻子，不顾父母之养，三不孝也；从耳目之欲，以为父母戮，四不孝也；好勇斗很，以危父母，五不孝也。

——《孟子·离娄下》

3. 孝子所不从命有三：从命则亲危，不从命则亲安，孝子不从命乃衷；从命则亲辱，不从命则亲荣，孝子不从命乃义；从命则禽兽，不从命则修饰，孝子不从命乃敬。故可以从而不从，是不子也；未可以从而从，是不衷也；明于从不从之义，而能致恭敬，忠信、端悫、以慎行之，则可谓大孝矣。

——《荀子·子道》

4. 孝子不服暗，不登危，惧辱亲也。父母存，不许友以死。不有私财。

——《礼记·曲礼上》

◎ **大 意**

1. 从礼的角度讲，不孝的行为有三种：第一，一味顺从，见父母有过错而不劝说，让父母陷于不义；第二，家里贫穷，并且父母老了，却不愿去获得俸禄；第三，不娶妻而没有子嗣，让家族绝后。这是三种不孝。

2. 世俗所说的不孝有五种情况：第一种不孝是，四肢懒惰，不顾父母的生活；第二种不孝是，喜欢赌博，不顾父母的生活；第三种不孝是，喜欢财物，偏爱妻子和孩子，不顾父母的生活；第四种不孝是，放纵耳目之欲，使父母蒙受屈辱；第五种不孝是，逞勇斗狠，连累父母。

3. 孝子不遵从父母的命令有三种情形：遵从父母之命，父母就会有危险，孝子不从命才是衷心爱护父母；从命，父母就会受到侮辱，不从命父母就荣耀，孝子不从命就做到了义；从命，其行为就近于禽兽，不从命，行为就得到了修饰，孝子不从命才做到了敬。所以应该从命而不从，便不是人子；不可以从命却从命，是不爱护父母。明了从命与不从命的道理，就能做到恭敬、忠信、笃实、谨慎地去行事，就可以说是大孝了。

4. 孝子不在暗中做事，不登临危险之处，怕给父母带来耻辱。父母还在世，不能将自己的生命许给朋友，不能私自储存钱财。

◎ **晓事明理**

### 殴打母亲全族受罚

1866年，湖北汉川发生一起忤逆案件。当时汉川有个练武的人，叫郑汉祯。这个人素来和自己母亲关系不好，平日里对自己的母亲顶撞辱骂，引得周围邻居议论纷纷。一天，因为一点小事，郑汉祯和他的妻子黄氏，又对着老人破口大骂，老人实在听不下去了，对着夫妻两人回了几句嘴。没想到这下可捅了马蜂窝，两人抢着板凳和茶壶，把老人暴打一顿。可怜老太太年老体弱，哪里经得住这样的殴打，很快躺在地上不省人事了。周围邻居实在看不下去，有人跑到县衙门报了案。恰巧当时湖广总督巡视至此，立即命人将二人五花大绑关押起来，然后将案件直接报奏给了朝廷。很快一道圣旨从朝廷发到汉川，对两人的忤逆行为进行了严惩。当听到圣旨中皇帝采取的惩罚措施时，在场所有人都惊呆了。圣旨对郑汉祯夫妇处以死刑；不但如此，这两人的忤逆罪竟然还牵连了很多人。

　　早在夏代，法律就将不孝定为犯罪，而且是最严重的罪行之一。周初分封康叔于卫，周公对其弟弟康叔说："元恶大憝，矧惟不孝不友？"《周礼·大司徒》所载"以乡八刑纠万民"的"八刑"中，首刑即"不孝之刑"。汉简《二年律令贼律》规定，杀害、"牧杀"（未遂）、殴打、詈骂长辈（包括父母、祖父母、继祖母、女主人）都属于"不孝"，凡是父母告子"不孝"罪成立，都要治子以死罪（"弃市"）；罪犯的妻、子都受到连坐，且不能以爵位、金钱等赎免。《唐律》中有"十恶"（谋反、谋大逆、谋叛、恶逆、不道、大不敬、不孝、不睦、不义、内乱）之罪，其中"恶逆""不孝""不睦"三项都涉及孝道问题。清朝的《大清律》还规定，子贫困而无法赡养其父，导致父亲上吊自杀的，要按照过失杀父的刑罚，判处儿子杖一百，流放三千里。

# 第五章 孝道成为百行源

中国社会历来重视家庭文化。在家庭中，孝是最基本的德行要求。一个人在家知道孝父母，在外才知道敬长辈，在国才能为忠臣。家庭是品德培养的摇篮，孝是百行的源头。

# 一

## 为仁之本

"老吾老以及人之老,幼吾幼以及人之幼",父母是我们最亲近的人。为人子女做好孝,才能够在此基础上推而广之,成为一个有德之人。

◎ **原　文**

1. 有子曰:"其为人也孝弟而好犯上者,鲜矣;不好犯上而好作乱者,未之有也。君子务本,本立而道生。孝弟也者,其为仁之本与!"

——《论语·学而》

2. 万恶淫为首,百行孝当先。

——《增广贤文》

3. 天地之性,人为贵。人之行莫大于孝,孝莫大于严父。

——《孝经·圣治》

◎ **大　意**

1. 有子说:"孝敬父母、尊敬师长,却喜欢犯上的人,少极了;不喜欢犯上,却喜欢作乱的人,绝对没有。做人首先要从根本上做起,有了根本,就能选择正确的人生道路。孝敬父母、尊敬兄长,就是行仁道的根本吧!"

2. 各种罪恶之中以淫乱为首，各种行为当中以孝道为先。

3. 天地万物之中，以人类最为尊贵。人类的行为，没有比孝道更为重大的了。在孝道之中，没有比敬重父亲更重要的了。

## ◎ 晓事明理

### 孔融因"不孝"言论被赐死

东汉末年的名士孔融，因为小时候的让梨故事而被世人所敬仰。他出身名门，当时相传是孔子后代，古代社会没有媒体，当时的社会舆论就是被孔融这样的名士所掌握。而据当时的人公布的罪状，孔融有两条"反动言论"。一是说：父与子，有什么恩？论其本义，不过当时情欲发作而已；子与母，又有什么爱？就像一件东西暂时寄放在瓦罐里，倒出来后就什么关系都没有了。二是说：闹饥荒时，有点吃的，如果父亲不好，便宁肯拿给别人去吃。这样的言论，当然是"不孝"。所以曹操得知此事后马上处死了孔融。他在布告上说："融违天反道，败伦乱礼，虽肆市朝，犹恨其晚。"处死孔融当然也有政治斗争的原因，但孔融质疑"孝"的存在意义，他不是真的不孝，他的言论让当时的民众认为他不孝，在社会上产生了负面影响。曹操用这个理由来堵悠悠众口，好让自己的行为不被众人反对。

## 二

## 为政之基

> "家是最小国，国是千万家"，家和谐了，国也就和谐了。孝是家庭和谐的良方。每个人做到孝，就可以管好家，也就是间接地为国家做贡献了。

◎ **原　文**

1. 或谓孔子曰："子奚不为政？"子曰："《书》云：'孝乎惟孝，友于兄弟。'施于有政，是亦为政，奚其为为政？"

——《论语·为政》

2. 孟子曰："道在迩而求诸远，事在易而求诸难。人人亲其亲、长其长，而天下平。"

——《孟子·离娄上》

3. 上不知顺孝，则民不知反本。君不知敬长，则民不知贵亲。

——《韩诗外传·卷五》

◎ **大　意**

1. 有人问孔子："先生为何不从政？"孔子说："《尚书》中说：'孝啊，就是孝顺父母、兄弟友爱。'以这种品德影响政治,这就是参政,难道只有做官才算从政吗?"

2. 孟子说:"道理很近却到很远的地方去寻求,事情很容易却按困难的方法去解决。每个人都能孝顺自己的父母,尊重年长于自己的人,天下就太平了。"

3. 上位的人不知道孝顺,人民就不知道返归根本。国君不知道尊敬年长于自己的人,人民就不知道珍视自己的亲人。

## ◎ 晓事明理

### 朱元璋以孝治天下

朱元璋出身于一个贫困的农民家庭,十五岁时父母先后去世,成为一名孤儿。过早失去父母关爱的朱元璋,在建立大明王朝后,十分重视"孝道"。在朱元璋看来,治乱世要用重典,治盛世当重孝行。因此,有明一代,孝道文化是比较盛行的。

当然,朱元璋本人也身体力行地践行孝道,用他自己的话来说,就是"非身先之,何以率下?"朱元璋在登基称帝后,诣太庙时自称"孝子皇帝"。当年,朱元璋父母死去时,由于家境贫寒,丧葬极为简陋。朱元璋受封"吴王"后,开始在老家凤阳为父母营建陵寝。明朝建立后,他又下令多次扩建、修缮,并亲自题写"大明皇陵之碑"六个大字。由于凤阳离都城南京太远,朱元璋便在南京紫禁城乾清宫左边,修建了一座奉先殿,里面供奉着祖先四代神位衣冠。朱元璋不管军国政务多么繁忙,每到初一、十五及节日、生日、忌日等,一定亲自前往祭祀。众所周知,朱元璋儿女众多,为了教育子女,朱元璋命人绘制了《行孝图》,作为子女的启蒙读物,让他们人生的第一堂课就以"孝道"开始。朱元璋告诫子女,永远不要忘记父母的养育之恩和舐犊之情,时刻牢记"奉先思孝"。同时,朱元璋还对臣民提出了明确要求。

1397年9月，朱元璋传令天下："每乡里各置木铎一，内选年老或瞽者，每月六次持铎徇于道路，曰'孝顺父母、尊敬长上、和睦乡里、教训子孙、各安生理、毋作非为'。"这就是所谓的"圣谕六言"。"圣谕六言"颁布后，在社会上广为传播，成为明朝臣民共同遵守的道德规范。

## 三

## 孝感动天

> 在中国文化中,"天"是一个神奇的存在。天是中国人的终极倾听者,所以,每当人们遇到困难,便会呼天抢地,感叹"我的天呀"。孝就是能够连接天的基本德行。

◎ **原　文**

1. 公曰:"寡人蠢愚,冥烦子志之心也。"孔子蹴然辟席而对曰:"仁人不过乎物,孝子不过乎物。是故,仁人之事亲也如事天,事天如事亲,是故孝子成身。"

——《礼记·哀公问》

2. 子曰:"昔者明王事父孝,故事天明;事母孝,故事地察;长幼顺,故上下治。天地明察,神明彰矣。故虽天子,必有尊也,言有父也;必有先也,言有兄也。宗庙致敬,不忘亲也;修身慎行,恐辱先也。宗庙致敬,鬼神著矣。孝悌之至,通于神明,光于四海,无所不通。"

——《孝经·感应》

◎ **大　意**

1. 鲁哀公说:"我愚蠢不明,您心里是知道的。"孔子恭敬不安地离开了坐席,应答道:"仁人不越过事理,孝子不越过事理。所以，仁人侍奉父母就像侍奉上天，侍奉上天就像侍奉父母，因此孝子能成就自身。"

2. 孔子说："从前，圣明的天子侍奉父亲孝顺，所以也能虔诚地侍奉天；侍奉母亲孝顺，也能虔诚地侍奉地。他能够让长幼的关系融洽，上上下下都得到治理。天地明察天子的孝行，天地的神明就会彰显出来。所以即使是天子，也必然有比他更尊贵的人，那就是他的父辈。一定有长于他的人，那就是他的兄长。在宗庙祭祀中充分表达敬意，这是不忘先人的恩情。重视自己的修养和道德，这是害怕侮辱到先祖。所以在宗庙祭祀时充分表达对先人的敬意，就体现出了先祖的价值。孝悌做到了极致，就能够感天动地，达于四海，无所不通。"

## ◎ 晓事明理

### 孝感动天

舜本是个普通平民，父亲瞽叟是个盲人，且品性固执。舜母早逝，瞽叟再娶，后母经常教唆瞽叟杀舜。后母生了个儿子叫象，象为人傲慢，非常仇视舜。但是舜仍然对父母很孝顺，对弟弟很友爱，设法避免祸害，却毫不怨恨他们，并承担全家的劳动工作，常在历山耕种。

舜二十岁的时候，他的事迹已传播很远。于是帝尧决定深入对舜进行考察，便把两个女儿娥皇和女英嫁给舜，又命九个儿子和舜一起工作，观察他对内对外的为人处事。舜成亲后，要求妻子孝敬公婆，尽媳妇之道，关照弟弟，尽嫂嫂的本分，不可以因妻子的高贵出身而破坏家庭的规矩。舜的品德在众人中产生很大感召力，人们都愿意亲近他。他住的地方本来很偏僻，但一年后变成村落，两年成了邑，三年成了都。

帝尧于是很赏识舜，奖赏给他高级衣料做的衣服，一架名贵的琴，一群牛羊，又为他修建了粮仓。舜的父亲、后母和弟弟象知道后，很妒忌，一心想暗害他，将他的财产占为己有。瞽叟叫舜去清洁粮仓那高高的上盖，然后暗中纵火，要烧死他。幸得娥皇、女英预先给舜准备了竹笠，舜张开如鸟的翅膀，乘风飘下而不死。瞽叟又与象设计让舜修井，然后推下沙泥土块活埋他，打算得手之后三人瓜分舜的财产，象要古琴和舜的两个妻子，而牛羊衣物粮仓归瞽叟及后母。舜在两个妻子安排下，预先在井旁凿开一洞，下井后即藏身而得不死。舜出来的时候，象正占据他的房子，抚弄那架名贵的琴，象见到舜后终于醒悟且惭愧不已。

舜心中明知瞽叟、后母和象合计害他，但仍然和过去一样，孝敬父母，友爱弟弟，没有一丝埋怨，可见舜在遵守孝道方面做到了极至。

# 第六章 孝亲古诗词、谚语

# 一、十二时行孝文

**【唐】白居易**

平旦寅,早起堂前参二亲。处分家中送疏水,莫教父母唤频声。

日出卯,立身之本须行孝。甘饴盘中莫使空,时时奉上知饥饱。

食时辰,居家治务最须勤。无事等闲莫外宿,归来劳费父嫌憎。

隅中巳,终孝之心不合二。竭力勤酬乳哺恩,自得名高上史记。

正南午,侍奉尊亲莫辞诉。回干就湿长成人,如今去合论辛苦。

日昳未,在家行孝兼行义。莫取妻言兄弟疏,却教父母流双泪。

哺时申,父母堂前莫动尘。纵月些些

不称意，向前小语善谘闻。
日入酉，但愿父母得长寿。身如松柏
色坚政，莫学愚人多饮酒。
黄昏戌，下帘拂床早交毕。安置父母
卧高堂，睡定然乃抽身出。
人定亥，父母年高须保爱。但能行孝
向尊亲，总得扬名于后世。
夜半子，孝养父母存终始。百年恩爱
暂时间，莫学愚人不欢喜。
鸡鸣丑，高楼大宅得安久。常劝父母
发慈心，孝得题名终不朽。

○ **大　意**

　　寅时，子女早起到堂前去参拜双亲，给父母送上水，不要让父母不断地呼唤。

　　卯时，行孝是人立身的根本，不要让放吃食的盘子空掉，随时奉上吃食知道父母的饥饱。

　　辰时，管理家庭事务最需要勤俭。没有重要的事不要在外留宿，回到家中被父母嫌弃。

巳时，孝心要始终如一。尽自己所能回报父母的养育之恩，自然会获得很好的名声。

午时，侍奉父母不要推辞和抱怨。父母含辛茹苦把孩子养成人，孩子侍奉父母应该不辞辛苦。

未时，在家中行孝的同时要行义。不能听取妻子离间兄弟感情的话，致使兄弟关系疏远，让父母伤心。

申时，不要在父母的堂屋前弄起灰尘。父母有不称意的时候，要轻声细语地去询问。

酉时，希望父母健康长寿。做人要想松柏一样坚强正直，不要学愚笨的人喜好饮酒。

戌时，为父母铺好床放好帘子。安顿父母好好休息，父母熟睡后才出去。

亥时，父母年事已高需要保护关爱。只要能做到行孝尊亲，总能够传扬美名于后世。

子时，孝敬赡养父母要有终始。和父母相处的时光很短暂，不能学习愚笨的人不高兴。

丑时，高楼大宅能够得以平安长久。子女要常常规劝父母发仁慈之心，孝的名声才能不朽。

## 二、游子吟

### 【唐】孟郊

cí mǔ shǒu zhōng xiàn　yóu zǐ shēn shàng yī
慈母手中线，游子身上衣。
lín xíng mì mì féng　yì kǒng chí chí guī
临行密密缝，意恐迟迟归。
shéi yán cùn cǎo xīn　bào dé sān chūn huī
谁言寸草心，报得三春晖。

## ◎大　意

慈祥的母亲手里把着针线，为即将远游的孩子赶制新衣。临行前一针针密密地缝缀，怕儿子回来得晚衣服破损。有谁敢说，像小草那样微弱的孝心，能够报答得了像春晖普泽的慈母的恩情？

## 三、别老母

【清】黄仲则

搴帷拜母河梁去，白发愁看泪眼枯。
惨惨柴门风雪夜，此时有子不如无。

## ◎大　意

因为要去河梁谋生，所以撩起帷帐，依依不舍地向年迈的母亲辞别，看到白发苍苍的老母不由泪流不停，眼泪也流干了。在这风雪之夜，不能在母亲身边尽孝却要掩闭柴门凄惨地远去，不禁令人兴叹：养子又有何用呢？倒不如没有啊。

## 四、十五

【宋】王安石

将母邗沟上，留家白紵阴。
月明闻杜宇，南北总关心。

○ **大 意**

带着母亲来到了邗沟，但家尚留在白紵。母亲月圆之夜突然听到杜鹃的声音，想起离家在外的儿子。虽然天南地北相隔万里，但心中依旧是深深的牵挂。

## 五、岁末到家

【清】蒋士铨

爱子心无尽，归家喜及辰。
寒衣针线密，家信墨痕新。
见面怜清瘦，呼儿问苦辛。
低徊愧人子，不敢叹风尘。

○ **大　意**

母亲爱子女的心是无穷无尽的，我在过年的时候到家，母亲多高兴啊！她正在为我缝棉衣，针针线线缝得密，我寄的家书刚收到，墨迹还新。一见面母亲便怜爱地说我瘦了，连声问我在外苦不苦？我惭愧地低下头，不敢对她说我在外漂泊的境况。

## 六、母别子

【唐】白居易

母别子，子别母，白日无光哭声苦。

关西骠骑大将军，去年破虏新策勋。

敕赐金钱二百万，洛阳迎得如花人。

新人迎来旧人弃，掌上莲花眼中刺。

迎新弃旧未足悲，悲在君家留两儿。

一始扶行一初坐，坐啼行哭牵人衣。

以汝夫妇新燕婉，使我母子生别离。

不如林中乌与鹊，母不失雏雄伴雌。

应似园中桃李树，花落随风子在枝。

新人新人听我语，洛阳无限红楼女。

dàn yuàn jiāng jūn zhòng lì gōng　gèng yǒu xīn rén shèng yú rǔ
但愿将军重立功,更有新人胜于汝。

○ **大　意**

母别子,子别母,白天的阳光似乎都因为悲伤而失去了光彩,哭声透露着无限凄苦。一家人住在关西长安,丈夫身居大将军的高位,去年立了战功,又被加封了爵土。还得到了赏赐的二百万金钱,于是便在洛阳娶了如花似玉的新妇。新妇来了不满足,就让丈夫抛旧妇;她是他掌上的莲花,我却是他们"眼中钉"。喜新厌旧是俗世的常情,这本来也不足为悲,我就要收拾行装,无奈地离开。但悲伤的是,留在丈夫家的,还有两个亲生的小孩。一个才刚刚会扶着床沿走路,一个才刚刚能够坐起来。坐着的孩子啼哭,会走路的孩子牵着我的衣服。你们夫妇新婚燕尔,却让我们母子生离死别,从此不得相见。此时此刻,我的心有诉不出的悲苦,人的薄情啊,还不如林中的乌鹊,母鸟不离开小雏,雄鸟总在它们身旁呵护。此情此景,倒像是后园的桃树,曾经遮蔽着花房的花瓣已经随风落下,幼小的果实还将挂在梢头经历霜雪雨露。新人新人你听我说,洛阳有无数的红楼美女,但愿将军将来又立了什么功勋,再娶一个比你更娇艳的新妇吧。

# 七、墨萱图

【元】王冕

### 其一

càn càn xuān cǎo huā　luó shēng běi táng xià
灿灿萱草花,罗生北堂下。

nán fēng chuī qí xīn　yáo yáo wèi shéi tǔ
南风吹其心,摇摇为谁吐?

慈母倚门情，游子行路苦。

甘旨日以疏，音问日以阻。

举头望云林，愧听慧鸟语。

○ **大 意**

灿灿的萱草花，生在北堂之下。南风吹着萱草，摇摆着是为了谁吐露着芬芳？慈祥的母亲倚着门盼望着孩子，远行的游子是那样的苦啊！对双亲的奉养每天都在疏远，孩子的音讯每天都不能传到。抬头看着一片高高的树林，听到慧鸟的叫声思念起来，至此很是惭愧。

## 其二

萱草生北堂，颜色鲜且好。

对之有余饮，背之那可道？

人子孝顺心，岂在荣与槁？

昨宵天雨霜，江空岁华老。

游子未能归，感慨心如捣。

○ **大 意**

萱草生在北堂前，颜色鲜艳而美好。对着这幅墨萱图时，杯中常有残余的酒，背着它时还能怎么说呢？作为子女的孝顺心存在，并不在于你富贵与贫贱。昨天夜里下了寒霜，今晨看到的是江水空蒙，可叹人的年岁老了呀！漂泊在外的我没能回家，一想到这里，心就像被捣碎了一样。

## 八、步虚

【唐】司空图

阿母亲教学步虚，三元长遣下蓬壶。
云韶韵俗停瑶瑟，鸾鹤飞低拂宝炉。

◎ **大 意**

母亲亲自教我学习走路和礼仪，她就好像是从千里之外的蓬莱仙岛下来的。我仿佛听见高雅的宫廷乐曲和和谐的民间乐曲从瑶琴上奏出，停留不散；似乎看见鸾与鹤从天上飞下来，绕着香炉低飞盘旋。

## 九、燕诗示刘叟

【唐】白居易

梁上有双燕,翩翩雄与雌。

衔泥两椽间,一巢生四儿。

四儿日夜长,索食声孜孜。

青虫不易捕,黄口无饱期。

觜爪虽欲敝,心力不知疲。

须臾十来往,犹恐巢中饥。

辛勤三十日,母瘦雏渐肥。

喃喃教言语,一一刷毛衣。

一旦羽翼成,引上庭树枝。

举翅不回顾,随风四散飞。

雌雄空中鸣,声尽呼不归。

却入空巢里,啁啾终夜悲。

燕燕尔勿悲,尔当返自思。

思尔为雏日，高飞背母时。

当时父母念，今日尔应知。

## ◎ 大　意

屋梁上来了一对燕子，翩翩飞舞，一雄一雌。衔泥在椽条间垒窝，一窝生下四只乳燕。四只乳燕日夜成长，求食的叫声喳喳不停。青虫不容易抓到，黄口小燕似乎从来没吃饱饭。双燕用爪抓，用嘴衔，气力用尽，不知疲倦。不一会儿往返十来次，还怕饿着窝里的小燕。辛辛苦苦忙了三十天，拖瘦了母燕喂肥了小燕。喃喃不断教小燕发音，一一为它们梳理打扮。小燕一朝羽毛长得丰满，引上了庭院里的树枝，再不回头，随着风儿四下飞散。雌雄双燕，空中叫喊，声嘶力竭，也唤不回还。只好回到空窝里面，悲鸣通宵不断！老燕啊，切莫悲叹，你们应当回想从前：想想你们是乳燕的时候，也同样远走高飞，抛弃父母那时父母多么挂念，今天你们应有体验。

# 十、慈乌夜啼

【唐】白居易

慈乌失其母，哑哑吐哀音。

昼夜不飞去，经年守故林。

夜夜夜半啼，闻者为沾襟。

声中如告诉，未尽反哺心。

百鸟岂无母，尔独哀怨深。
应是母慈重，使尔悲不任。
昔有吴起者，母殁丧不临。
嗟哉斯徒辈，其心不如禽。
慈乌复慈乌，鸟中之曾参。

## ○ 大 意

慈乌失去了它的母亲，哀伤地一直哑哑啼哭。早晚守着旧树林，整年都不肯飞离。每天半夜都哀哀啼哭，听到的人也忍不住泪湿衣襟。慈乌的啼哭声仿佛在哀诉着自己未能及时尽到反哺孝养之心。其他各种鸟类难道没有母亲，为什么只有慈乌你特别哀怨。想必是母恩深重使你承受不住吧。以前有位名叫吴起的人，母亲去世竟不奔丧。哀叹这类人，他们的心真是禽兽不如啊。慈乌啊慈乌！你真是鸟类中的曾参啊。

# 十一、送母回乡

### 【唐】李商隐

停车茫茫顾，困我成楚囚。
感伤从中起，悲泪哽在喉。
慈母方病重，欲将名医投。

<pre>
chē  jiē  jīn  zài  jí      tiān  jìng  qíng  bù  liú
</pre>
车接今在急，天竟情不留！
<pre>
mǔ  ài  wú  suǒ  bào     rén  shēng  gèng  hé  qiú
</pre>
母爱无所报，人生更何求！

○ 大　意

将车子停下来，茫然地回顾周边，感觉自己就像楚囚一般困顿窘迫。忧愁伤感从中蓦然升起，悲伤的眼泪如鲠在喉。慈母刚刚得了重病，我就想要送她去拜访名医。可是就在车子急迫接送时，苍天就无情地带走了我的慈母！母亲对自己的养育之恩都无法报答，人生在世还能追求其他东西吗？

## 十二、西上辞母坟

【唐】陈去疾

<pre>
gāo  gài  shān  tóu  rì  yǐng  wēi    huáng  hūn  dú  lì  sù  qín  xī
</pre>
高盖山头日影微，黄昏独立宿禽稀。
<pre>
lín  jiān  dī  jiǔ  kōng  chuí  lèi    bú  jiàn  dīng  níng  zhǔ  zǎo  guī
</pre>
林间滴酒空垂泪，不见丁宁嘱早归。

○ 大　意

高盖山头映射在落日余晖下，黄昏时我独立林中，只有几只鸟儿归宿窝巢。在母亲坟墓前祭奠几滴白酒，泪水止不住地流了下来，再也听不到母亲叮嘱我早早回家的声音了。

## 十三、思亲歌

【明】朱元璋

<pre>
yuàn  zhōng  gāo  shù  zhī  yè  yún    shàng  yǒu  cí  wū  rǔ  chú  qín
</pre>
苑中高树枝叶云，上有慈乌乳雏勤。

雏翎少乾呼教飞，腾翔哑哑朝与昏。
有时力及随飞去，有时不及枝内存。
呼来呼去翎羽硬，万里长风两翼振。
父母双飞紧相随，雏知返哺天性真。
吾思昔日微庶民，苦哉憔悴堂上亲。
歔欷歔欷梦寐心不泯，人而不如鸟乎将何伸。

○ **大 意**

花园里面树的枝叶深入云端，树上栖息的慈乌在辛勤地喂养雏鸟。雏鸟羽毛稍微干了，就开始整天学飞。有时候能飞起来，有时候只能在树枝间停留。渐渐地雏鸟的羽毛丰满，能够自由飞翔了。老乌跟随幼鸟飞翔，幼鸟开始反哺老乌。想想我昔日是平民的时候，让我的双亲受苦了。回报双亲的心不泯灭，人如果不如鸟，怎么活着呢？

## 十四、谚语

1. 羊有跪乳之恩，鸦有反哺之义。孝顺还生孝顺子，忤逆还生忤逆儿。不信但看檐前水，点点滴滴旧窝池。

——《增广贤文》

2. 妻贤夫祸少，子孝父心宽。

——《增广贤文》

3. 千经万典，孝义为先。

——《增广贤文》

4. 苗从地发，枝由树分。父子亲而家不退，兄弟和而家不分。

——《增广贤文》

5. 当家才知盐米贵，养子方知父母恩。常将有日思无日，莫把无时当有时。

——《增广贤文》

6. 桥木高而仰，似父之道；梓木低而俯，如子之卑。

——《幼学琼林》

7. 菽水承欢，贫士养亲之乐；义方是训，父亲教子之严。

——《幼学琼林》

8. 绍箕裘，子承父业；恢先绪，子振家声。

——《幼学琼林》

9. 和丸教子，仲郢母之贤；戏彩娱亲，老莱子之孝。毛义捧檄，为亲之存；伯俞泣杖，因母之老。慈母望子，倚门倚闾；游子思亲，陟岵陟屺。

——《幼学琼林》

10. 要知亲恩，看你儿郎；要求子顺，先孝爷娘。

——《小儿语》

11. 乌鸦反哺，尚答亲恩，有亲不养，何以为人？

——《小儿语补》

12. 宁替父母分过，勿为父母添祸。

——《小儿语补》

13. 横天塞海，一个孝字，震古烁今，一件难事。友以成孝，孝必兼友，薄兄弟者，薄其父母。

——《老学究语》

14. 孝莫辞劳，转眼便为人父母；善毋

望报，回头但看尔儿孙。

子之孝，不如率妇以为孝，妇能养亲者也，公姑得一孝妇，胜如得一孝子；妇之孝，不如导孙以为孝，孙能娱亲者也，祖父得一孝孙，又增一辈孝子。

——《格言联璧》

15. 父母所欲为者，我继述之；父母所重念者，我亲厚之。

——《格言联璧》

16. 勤俭，治家之本。忠孝，齐家之本。谨慎，保家之本。诗书，起家之本。积善，传家之本。

——《格言联璧》